木工DIY食器

# 木食器小时光

〔日〕渡边浩幸　著

陈亚敏　译

河南科学技术出版社

· 郑州 ·

即使不去森林、山上，也能找到合适的木材制作食器。
木制砧板上可放置刚烤好的面包，木制小盘子里可盛
放分好的小菜。
木材经过加工制作，做成小勺子。
使用这种小勺子吃饭，一定会感觉饭菜都香喷喷的吧。

在这里并没有讲述什么特别的事情，只是每天发生的
平常事以及接下来要发生的事。
或者难得的一个人的时候，可以做的一些事。
比如，使用源自大自然的木材，稍微花点功夫，
制作一些日常生活中用到的木食器。

稍微花点时间，加上一些小心思，为了自己抑或他人，
尝试制作一些身边常用的食器吧！

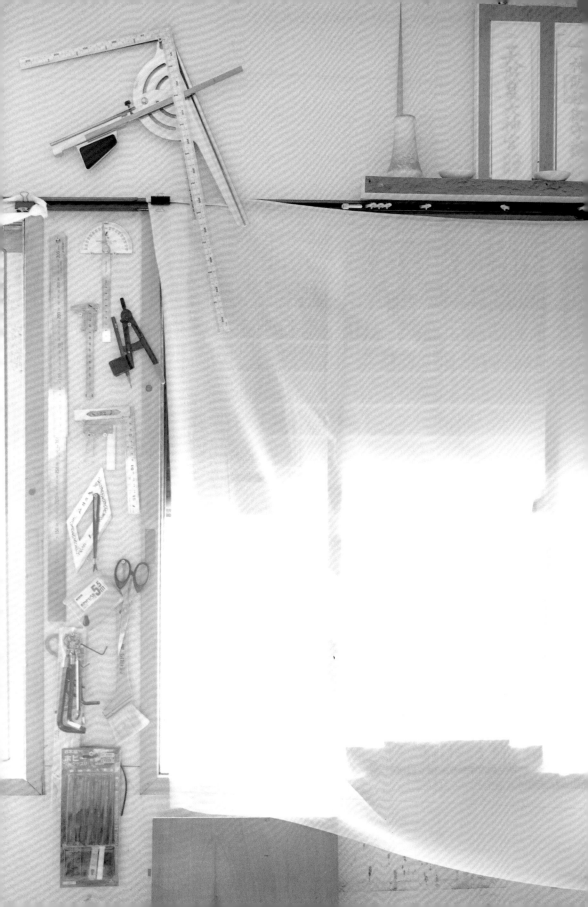

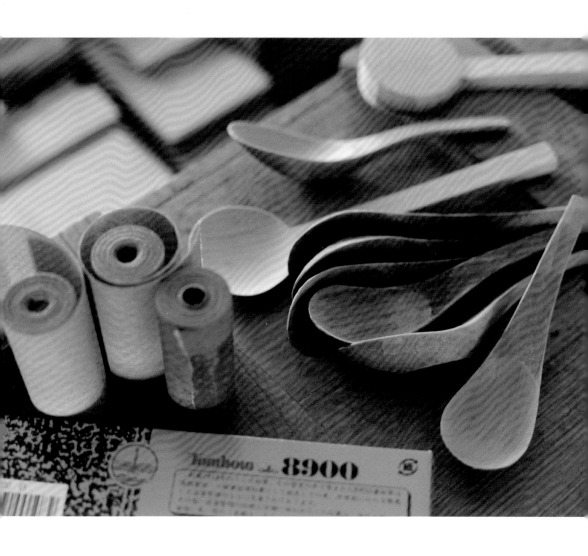

# 目录

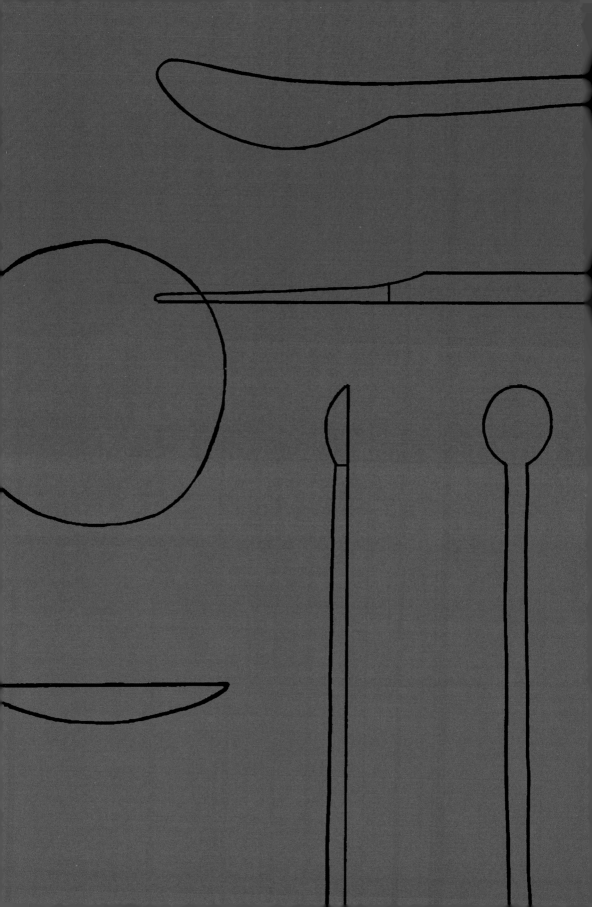

第 1 章

# 木食器的制作

# 木食器的制作工序

无论想制作什么样的食器，到成形之前，大概都需经过以下几个步骤。食器虽然不同，但是基本工序都一样。

## 1. 画图

准备所需木材，用铅笔画图。本书末尾附有食器的制作纸型。熟悉木食器的制作工序之后，可以按照自己的喜好设计形状、大小等，制作自己专属的作品。

## 2. 加工

按照顺序，经过用线锯切割、用圆凿雕刻、用小刀削等步骤使之成形。每种工具的使用方法会在第2章进行详细介绍。掌握窍门，工具使用熟练后，制作起来也会比较顺利。

## 3. 完工

根据需要用砂纸打磨使作品表面光滑。如果想保留木材的原有风格，不打磨也可以。

## 4. 涂饰

使用核桃油进行涂饰，然后用干布擦干即可。

---

**本书使用说明**

◎材料、工具的标记：每种作品根据需要都附有所用的木材（推荐种类、尺寸）、工具的介绍。

◎木材的尺寸，均用长（mm）×宽（mm）×厚（mm）来表示。本书中所有尺寸的单位均为毫米（mm）。

# 1. 黄油刀

像削铅笔一样削木片，感觉削得差不多的时候，就做成了黄油刀。
黄油刀的厚度、刀柄的粗细、刀体的弯曲程度……一边琢磨，一边默默
地作业，这就是木食器的魅力所在。

○所需工具：小刀、治具、砂纸（3种型号）、劳动手套
○完工使用：核桃仁、棉布块（涂油用）、干布
○木材：核桃木等比较软的木材（长170mm×宽30mm×厚10mm）1块

1. 用铅笔在木材上画黄油刀的正面草图（俯视图）。

2. 按照削铅笔的要领，用小刀从刀柄的侧面开始削下去。

3. 接下来削刮刀部分。处理难削的部分时，可以如图把木材顶端放到治具里，然后削去多余部分。

4. 一直削到木材呈现出如图所示的黄油刀的大致形状。

5. 画黄油刀的侧面草图（侧视图）。为了使刮刀部分呈现为斜的薄平状，画出弧度。

6. 按侧视图，削刮刀部分顶端，削至该部分呈现为下图所示的形状。

7. 成形之后，使用3种型号的砂纸，按照从粗到细的顺序，打磨黄油刀的表面，使其光滑。

8. 进行涂饰（涂油）。用棉布把市售的核桃仁包起来，用锤子或者手指将其弄碎。用由此产生的油涂抹整个黄油刀，然后用干布擦拭，即可完工。

# 2．果酱勺子

欧美地区使用的果酱勺子多是圆形的，但是在北欧一般使用的果酱勺子却是下图中所示的这种。结合经常使用的果酱瓶子的高度及其底部的弯曲形状，可以定做专属的果酱勺子。

○所需工具：小刀、治具、夹具、线锯、砂纸（3种型号）劳动手套
○完工使用：核桃仁、棉布块（涂油用）、干布
○木材：梨木、苹果木等木材（长170mm×宽25mm×厚12mm）1块

1. 用铅笔在木材上画果酱勺子的正面草图（俯视图）。

4. 使用夹具把木材固定到桌子上，用线锯切割勺子正面。背面削的部分少，不用线锯，直接用小刀削，使之成形。

7. 最后使用核桃油涂饰，然后用干布擦拭，即可完工。

2. 使用夹具把木材固定到桌子上，按俯视图用线锯切割出整体轮廓。

5. 用小刀削，使之成形。为了使用方便，把果酱勺子的顶端做成如图所示的平整的形状。背面也同样随之成形。

3. 接下来画侧面草图（侧视图）。

6. 成形之后，使用砂纸打磨。

# 3．普通勺子

这款勺子的特点就是舀东西的部分没有明显的凹陷，线条基本为直线形。使用时，手腕不用弯曲就可把食物舀起，放到嘴里。据说比较适合幼儿使用。当然也可配合刀叉等餐具使用。

○所需工具：小刀、圆凿、治具、夹具、线锯、砂纸（3种型号）、劳动手套
○完工使用：核桃仁、棉布块（涂油用）、干布
○木材：山樱木（长160mm×宽30mm×厚8mm）1块

1. 用铅笔在木材上画勺子的正面草图（俯视图）。

4. 使用夹具把木材固定到桌子上，使用线锯按俯视图切割出整体轮廓。

7. 成形之后，使用砂纸打磨。最后使用核桃油涂饰，然后用干布擦拭，即可完工。

2. 使用夹具把木材固定到治具上，用圆凿雕刻勺子正面（舀东西的那一面），深度可根据自己的喜好而定。

5. 接下来画勺子的侧面草图（侧视图）。然后使用线锯切割勺子背面（不舀东西的那一面）。

3. 勺子正面完全雕刻成形后，先用砂纸将其打磨光滑。

6. 用小刀削，使勺子成形。参照p.60，确认是否顺着木材纹路削，为了更顺利，沿着木纹削。

**要点**

如步骤3中呈现的圆形口的勺子，都是先雕刻勺子正面，然后用砂纸打磨，再使用线锯切出整体轮廓。如果先用线锯切割，夹具固定的面积就会变小，雕刻时会不稳定。所以制作时要按照顺序，一步一步地来，不要急于求成。

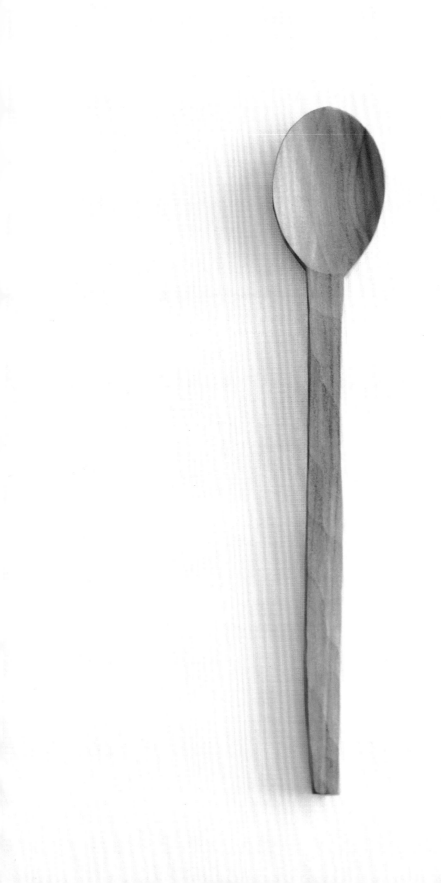

# 4. 搅拌棒

本来打算制作普通勺子,结果所选的木材太长了,就顺势制作成了搅拌棒。顶端做成圆球形的话,无法盛装食物,品尝味道,所以做成勺子的形状。尽情地发挥木材的作用吧!

○所需工具:小刀、圆凿、治具、夹具、线锯、砂纸(3种型号)、劳动手套
○完工使用:核桃仁、棉布块(涂油用)、干布
○木材:山樱木(长240mm×宽25mm×厚8mm)1块

1. 用铅笔在木材上画搅拌棒的正面草图(俯视图)。

4. 使用夹具把木材固定到桌子上,使用线锯按俯视图切割出整体轮廓。

8. 确认是否顺着木材纹路削,为了更顺利,沿着木纹削。削至形成俯视图所示的形状。

2. 使用夹具把木材固定到治具上,用圆凿雕刻勺面,深度可根据自己的喜好而定。

5. 接下来画搅拌棒的侧面草图(侧视图)。

9. 成形之后,使用砂纸打磨。最后使用核桃油涂饰,然后用干布擦拭,即可完工。

3. 勺面完全雕刻成形后,参照俯视图,先用砂纸将其打磨光滑。

6. 使用夹具把木材固定到桌子上,使用线锯切割勺子背面。

7. 用小刀削,使手柄部分成形。

# 5. 布菜勺

最初在货摊上看到金属制的布菜勺，就想到了也可以做一款木制的布菜勺。这种勺子可以让每个人吃到美味的饭菜，而且照顾到每个人的吃饭速度，布菜分量适中。虽然这是一种从大盘子里分菜的工具，但是大些的可以舀面粉，小些的可以取开胃菜，作为茶点心的小盘子时也比较受欢迎。

○所需工具：小刀、圆凿、治具、夹具、线锯、砂纸（3 种型号）、劳动手套
○完工使用：核桃仁、棉布块（涂油用）、干布
○木材：山樱木（长190mm×宽85mm×厚12mm）1块

1. 用铅笔在木材上画布菜勺的正面草图（俯视图）。

5. 接下来画布菜勺的侧面草图（侧视图）。

8. 确认是否顺着木材纹路削，逆着纹路不容易削，为了更顺利，沿着木纹削。削至形成俯视图所示的形状。

2. 使用夹具把木材固定到治具上，用圆凿雕刻勺面。

6. 使用夹具把木材固定到桌子上，使用线锯切割勺面背部。

3. 勺面完全雕刻成形后，把砂纸卷到小橡皮上，参照俯视图，沿着有弹性的木纹进行打磨。

7. 用小刀和圆凿雕刻勺面背部和手柄部分，使布菜勺成形。

9. 成形之后，使用砂纸打磨。最后使用核桃油涂饰，然后用干布擦拭，即可完工。

4. 使用夹具把木材固定到桌子上，使用线锯沿着俯视图切割整体轮廓。

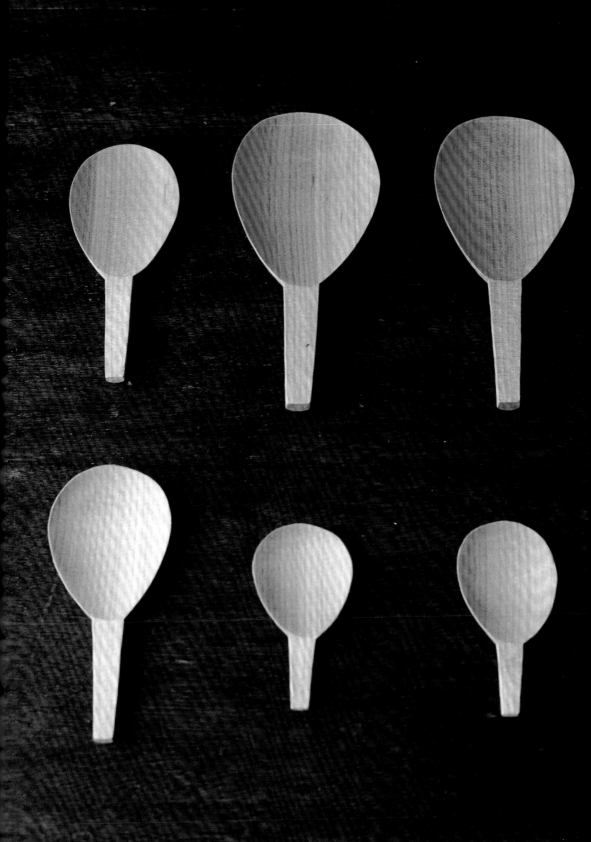

# 6. 佐料勺子

市场上出售的七香辣椒粉、花椒等一般都是瓶装的。如果家里配备一个佐料勺子，在喜爱的饭菜里添加适量的佐料，你嗜好的饭菜、你的餐桌从此将变得更加丰富多彩！

○所需工具：小刀、圆凿、治具、夹具、线锯、砂纸（3种型号）、劳动手套
○完工使用：核桃仁、棉布块（涂油用）、干布
○木材：山樱木（长120mm×宽15mm×厚12mm）1块

1. 用铅笔在木材上画佐料勺子的正面草图（俯视图）。

4. 使用夹具把木材固定到治具上，用圆凿雕刻勺面。

2. 使用夹具把木材固定到桌子上，使用线锯沿着草图切割整体轮廓。注意，手柄比较细，切割时不要折断。

5. 勺面完成之后，沿着步骤3中所画的线条用线锯切割，用小刀雕刻，使勺子成形。

3. 接下来画佐料勺子的侧面草图（侧视图）。如图使用线锯切割正面（勺子舀东西的那一面）。

6. 成形之后，使用砂纸打磨。最后使用核桃油涂饰，然后用干布擦拭，即可完工。

（使用现有木材制作食器的故事）

# 使用"安齐果树园"的果木制作勺子

文　渡边浩幸

　　每次去松本家的锯子商店买东西时，作为赠品就会得到一把小锯子。锯子手柄部分使用的木材和普通木材不一样，一般都是杉木、藤木之类，结果一问，是老板自己制作的，用从认识的农家那里得到的苹果树枝制作而成。这时，我突然想起来了，长野县盛产苹果，确实有很多苹果树呀。使用当地产的东西再进一步制作有用之物，想法真是不错啊。

　　有一天，我接到福岛县"安齐长廊"主人安齐久子太太的电话。电话的内容大概就是要把我的作品摆放到长廊里。记得当时是早上8点，听到她这样一说我很是兴奋，急忙说道："哦，我知道了，太好了，太开心了。请多多关照。"可能是因为早上果树园的工作开始得比较早，我觉得度过了非常特别的一天。位于"安齐果树园"里面的长廊是安齐家的母亲久子太太经营的器具店。父亲一寿先生和儿子伸也经营果树园。销售点旁边是儿子伸也的妻子明子太太经营的一家名为"cafe in CAVE"的咖啡馆。关于"安齐果树园"的情况，在接到电话之前，我早已在杂志上了解过，当时还想着有机会一定要去看看。

　　不久，苹果收获的季节到了，第一次拜访"安齐果树园"的机会也到了。迎接我的是安齐先生，为了表示欢迎他当场给我摘了一个苹果，让我很惊讶。这时放眼环顾四周，苹果，苹果，除了苹果还是苹果。苹果树上挂满了红色的果实。第一次看到这样的情景，我兴奋不已。

　　这么说来，我又想起了松本家的锯子商店的事情，于是我就问道，如果苹果树的剪枝多余的情况下，能否给我一点呢？这里有苹果树、梨树、桃树等很多水果树，基本都属于蔷薇科树木，和我平时使用的山樱木、美国樱桃木一样，属于或者相似于蔷薇科树木。是什么颜色呢？是硬木还是软木？……一边想象着，一边等待着我的木材。不久，从"安齐果树园"邮寄来了一个很重的包裹，打开一看，里面装满了各种各样的木材。苹果木有阳光和富士两种，除此之外还有桃木和梨木。

　　收到木材，就马上开始制材。苹果木制作过程中产生了橙色的木屑，而且到处都弥漫着水果的香味。梨木有点发白的感觉，桃木木纹有种绚丽的感觉，和生长着的树的姿态还是比较相似的。苹果木有着橙色系的树皮，会氧化，和苹果去皮后放置不久，从黄色变成橙色，道理是一样的。梨木有着白色的树皮，雕刻时有种脆脆的手感。桃木稍微柔软些，有着好似带有茸毛般的树皮，感觉和桃子皮一样。树干和果实有着一样的手感。切割、雕刻苹果木用刀切苹果的感觉差不多，真是太不可思议了。

要在这个长廊进行个展，我觉得其实应该命名为安齐个人作品展。于是我的脑海中马上浮现了这样的想法：用这个果树园的树木制作想做的物品。使用"安齐果树园"的树木制作果酱勺子搭配"cafe in CAVE"咖啡馆用产自"安齐果树园"的水果制作而成的果酱，在"安齐长廊"进行个展时展出。从水果到果酱，还有用发挥完作用的树木制作而成的果酱勺子，使用果木制作而成的果酱勺子舀果酱……就这样，果木材质的果酱勺子就产生了。在展示会上不断地听到客人们的夸奖：用桃木制作而成的真是不多见呀！使用果树园的树木制作而成的食器真是有意思！等等，让我真的很开心。

平时，制作食器的木材，从颜色到木纹、雕刻的难易度等都需要去选择，但是经过这一次使用身边的现成木材制作食器之后，我觉得这样选材也是一件非常开心的事情。如果院子里有梅树，使用梅树枝制作果酱勺子，然后品尝自家制的梅子果酱，味道一定好极了。因为是自己非常熟悉的树木，有更多的熟悉与爱恋，梅子果酱也变得更加美味。"安齐果树园"的果树就给人这种感觉。我们经常吃水果，但是对使用产水果的树木制作物品可能还不太了解。正因如此，我用果木制作果酱勺子的起源地"安齐果树园"变成了一个让我如此难以忘记的地方。

插图　渡边浩幸

# "安齐果树园"的果酱制法

文　akiko anzai

　　"安齐果树园"主要产桃子、日本梨、洋梨、苹果。其中苹果从9月开始收获，桑萨、红玉、阳光、王林、姬娜果、早期富士等，因种类不同，一直持续到12月。尤其是富士苹果可保存性强，一年四季都可入手。每年，我都会被苹果的魅力所折服，感受到其深邃的意义。

　　常听说红玉苹果比较适合制作点心或者果酱，但是红玉苹果的收获季节是10月，收获之后不耐放。当然它很好吃，而且能让人感受到季节的美味。可是，对我来说，我还是比较喜欢使用常见的富士苹果，从冬天的苹果果酱一直到春天的苹果果酱，季节不同，能品尝到不一样的果酱味道。

　　就像吃米饭时要吃蔬菜、泡菜一样，吃面包时必须有水果果酱。

　　在家庭常备食品中，果树园的果酱是必不可少的。

# 混合果酱（苹果为主）

## 材料

苹果（种类不限）600g，菠萝200～300g（最多也不能超过苹果量的一半）、其他水果（秋冬季节可选择无花果、洋梨、猕猴桃、金柑。春夏季节可选择浆果类水果）、细砂糖（用量为果酱总量的30%～40%）、柠檬汁（半个果子的分量）

## 制作方法

1.苹果去皮去核,8等分,切成类似银杏叶的片状。

※如果使用的是红玉苹果,可以不用去皮,做成之后果酱呈红色。

2.其他水果也和苹果切一样的大小,或者切得再小一点。然后称重,准备相应分量的细砂糖。

3.把水果和细砂糖混合,放置半日,水分会渗出。

4.把步骤3准备好的材料放到搪瓷锅里,用大火加热至沸腾,然后用中小火熬煮。

5.因为煮时会产生漂浮物,所以需要去除漂浮物。另外,在用小火长时间熬煮的情况下,要注意香味会散开。

6.直到没有漂浮物,果酱出现光泽时,加入柠檬汁,再次煮沸。然后放到在沸水中消毒过的瓶子里,即可完工。

制作美味果酱的小窍门

◎红玉苹果会有点偏酸,口感特别。富士苹果果肉有点硬,由其制作而成的果酱会有点脆脆的感觉。制作出的果酱会保留原有苹果的味道,可挑选自己喜欢的苹果进行制作。

◎因为水果大部分都含酸,所以建议使用搪瓷锅或者厚实的不锈钢锅,不建议使用铝锅或者铁锅。

◎果酱做好之后,趁热放到瓶子里。装满一瓶。

◎果酱一旦开封,容易变味。建议分好,放到小瓶子里。

◎纯苹果果酱做好之后,建议放入肉桂油,有种冬天的感觉。放入香草豆类,则会有种点心的感觉。

# 7. 小汤勺

木食器不容易传热，因为木头中有大量空气，不容易变热也不容易变凉。无论是汤汁类还是其他饭菜，都可以通过木制勺子在维持原有温度的情况下吃到嘴里。

○所需工具：小刀、圆凿、治具、夹具、线锯、砂纸（3种型号）、劳动手套
○完工使用：核桃仁、棉布块（涂油用）、干布
○木材：山樱木（长170mm×宽50mm×厚15mm）1块

1. 用铅笔在木材上画小汤勺的正面草图（俯视图）。勺面要画大一点。

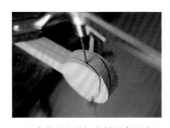

4. 再次使用夹具把木材固定到桌子上，用线锯只切割正面（勺子呈东西的那一面）。

7. 勺面完成之后，使用夹具把木材固定到桌子上，用线锯沿着草图切割小汤勺背面。然后用小刀雕刻，使之成形。最后使用核桃油涂饰，再用干布擦拭，即可完工。

2. 使用夹具把木材固定到桌子上，使用线锯沿着俯视图切割整体轮廓。

5. 使用夹具把木材固定到治具上，用圆凿雕刻勺面。

3. 接下来画小汤勺的侧面草图（侧视图）。

6. 成形之后，使用卷有橡皮的砂纸打磨。沿着木纹打磨，使其光滑。

# 8．咖啡量勺

这款量勺可以全部放入咖啡瓶子里，手柄很短。在咖啡豆种类不同的情况下，一般一平勺是5g左右，一满勺是8g左右。小款的可以用作取红茶茶叶的茶匙。

○所需工具：小刀、圆凿、治具、夹具、线锯、砂纸（3种型号）、劳动手套
○完工使用：核桃仁、棉布块（涂油用）、干布
○木材：山樱木（长105mm×宽50mm×厚24mm）1块

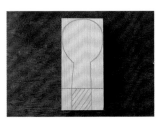

1. 用铅笔在木材上画量勺的正面草图（俯视图）。斜线部分是不要的，但是用夹具固定木材时需要用到，所以目前先保留。

4. 使用夹具把木材固定到治具上，用圆凿雕刻勺面。因为需要雕刻得深一点，所以不要着急。

7. 成形之后，使用砂纸打磨。最后使用核桃油涂饰，然后用干布擦拭，即可完工。

2. 手柄部分暂时保留得长些，使用夹具把木材固定到桌子上，使用线锯沿着俯视图切割整体轮廓。

5. 正面完成之后，使用夹具把木材固定到桌子上，用线锯沿着草图切割量勺背面。作为固定点的斜线部分此时也一起切割掉。

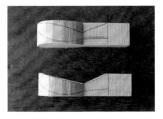

3. 接下来画量勺的侧面草图（侧视图）。使用夹具把木材固定到桌子上，用线锯只切割量勺正面（勺子舀东西的那一面）。

6. 然后用小刀雕刻，使量勺成形。

# 9. 短柄汤匙

这款汤匙的大小比较适合吃酸奶、杏仁豆腐等。稍大一点的可以吃蛋炒饭、喝汤等。在制作汤匙的勺面底部时，注意其平衡性，制作完成时，可以如图所示平稳放置。

○所需工具：小刀、圆凿、治具、夹具、线锯、砂纸（3种型号）、劳动手套
○完工使用：核桃仁、棉布块（涂油用）、干布
○木材：山樱木（长130mm×宽35mm×厚35mm）1块

1. 用铅笔在木材上画汤匙的正面草图（俯视图）。使用夹具把木材固定到桌子上，使用线锯沿着俯视图切割整体轮廓。

5. 然后翻到正面，使用夹具把木材固定到治具上，用圆凿雕刻勺面部分。雕刻完之后，用砂纸打磨。

8. 用小刀雕刻，使汤匙成形。在削的时候，一定要注意让勺子能够平放，注意其平衡度。

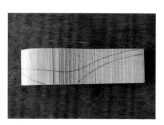

2. 接下来画汤匙的侧面草图（侧视图）。

3. 使用夹具把木材固定到桌子上，用线锯只切割正面（勺子舀东西的那一面）。

6. 用小刀雕刻，使手柄正面成形。其中固定木材时遗留的那部分此时也一起削掉。

7. 用线锯切割手柄部分的背面。注意手柄呈倾斜状，一定不能让夹具晃动。

9. 使用砂纸打磨。最后使用核桃油涂饰，然后用干布擦拭，即可完工。

**要点**

为了使汤匙能够平放，木材的切割方法、造型都会比其他勺子复杂一点。如下图所示按照从上到下的流程，操作起来会比较顺利。

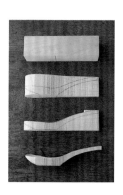

4. 然后翻过来，在勺面底部画一个水滴形的图案。图案内的部分不雕刻，这样可以保证汤匙能够平放。

# 10. 火锅汤勺

这是一款冬天登场机会比较多的火锅专用的勺子。当然除了吃火锅时使用，也可用它来取菜、分菜。使得方便，用着舒服。

○所需工具：小刀、圆凿、治具、夹具、线锯、砂纸（3种型号）、劳动手套
○完工使用：核桃仁、棉布块（涂油用）、干布
○木材：山樱木（长240mm×宽90mm×厚30mm）1块

1. 用铅笔在木材上画汤勺的正面草图（俯视图）。

5. 使用夹具把木材固定到治具上，用圆凿雕刻勺面。该部分雕刻面比较大，因此需要耐心。

2. 使用夹具把木材固定到桌子上，使用线锯按俯视图切割整体轮廓。

6. 再次使用夹具把木材固定到桌子上，如图用线锯只切割汤勺背面。

3. 接下来画汤勺的侧面草图（侧视图）。

7. 用小刀雕刻，使汤勺成形。然后使用砂纸打磨。

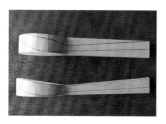

4. 使用夹具把木材固定到桌子上，如图用线锯只切割汤勺正面（勺子舀东西的那一面）。

8. 最后使用核桃油涂饰，然后用干布擦拭，即可完工。

# 11. 坚果碟子

这款碟子个性不是很张扬,只是静静地待在那儿。它最基本的用处就是可以用来摆放茶点。当然放点果酱、奶油之类的也无妨,作坚果碟子使用也很方便。

○所需工具:小刀、圆凿、治具、夹具、线锯、砂纸(3种型号)、劳动手套、防滑垫
○完工使用:核桃仁、棉布块(涂油用)、干布
○木材:山樱木(长60mm×宽60mm×厚8mm)1块

1. 用铅笔在木材上画碟子的正面草图(俯视图)。

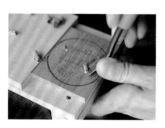

2. 用夹具把木材固定到治具上,用圆凿雕刻碟子正面(放东西的那一面),深度可根据自己的喜好决定。

3. 使用卷有小橡皮的砂纸,沿着富有弹力的木纹打磨。

4. 使用夹具把木材固定到桌子上,如图用线锯按俯视图切割。

5. 使用小刀和圆凿雕刻碟子背面,使碟子成形。把防滑垫铺到下面,操作起来更轻松。

6. 使用砂纸打磨。最后使用核桃油涂饰,然后用干布擦拭,即可完工。

# 12. 面包碟子

木食器不仅可以吸收面包的水分，而且像陶制食器一样，碰撞时不会发出声响。这款面包碟子比较适合早上刚起来时使用，以及盛放刚烤好的面包。

○所需工具：小刀、圆凿、治具、夹具、线锯、砂纸（3种型号）、劳动手套、防滑垫
○完工使用：核桃仁、棉布块（涂油用）、干布
○木材：山樱木（长200mm×宽200mm×厚15mm）1块

1.用铅笔在木材上画碟子的正面草图（俯视图）。

2.使用圆凿雕刻碟子正面（放东西的那一面），深度可根据自己的喜好决定。另外，由于雕刻面比较大，需要有耐心。

3.用夹具把木材固定到桌子上，如图用线锯按俯视图切割出圆形轮廓。

4.用小刀和圆凿雕刻碟子背面，使碟子成形。把防滑垫铺到下面，转动夹具时，碟子不动，操作起来更轻松。

5.使用卷有木片的砂纸打磨碟子边缘和背面。

6.最后使用核桃油涂饰，然后用干布擦拭，即可完工。

# yúgue 的核桃面包

文　dai yamane

yúgue是位于京都下鸭神社附近的一家咖啡店。在该店，吃水饺、喝汤时，一般使用由坚果树木材或者美国樱桃木制作的汤匙。吃百吉圈、司康面包时，使用面包碟子、茶匙。木制汤匙和陶制汤具等搭配和谐，而且木制面包碟子给人一种保温的感觉。另外，木材的柔软部分在切削时所呈现出的清晰造型也非常惹人爱。

尤其是面包碟子放上热乎的东西，可以起到长时间保温的作用，还是很不错的。

一些用旧的木制汤匙，洗净晾干，然后用包有核桃的布进行擦拭，马上就出现光泽了。注意擦拭时不要太用力，否则核桃油就流出来了。

其实，核桃油食用起来也不错，比如给沙拉、泡菜浇上核桃油，口味立马变得不一般，非常醇厚、美味。

一般司康面包里都会放葡萄干、蔓越莓、无花果，之后添加酸奶油或者果酱。这次我们以核桃为主要添加食材，使用核桃仁和核桃油打成糊代替黄油，来制作核桃面包。接下来会介绍核桃面包的做法。

# 核桃面包

## 材料

低筋粉100g、全麦粉100g、砂糖（种类不限，按个人喜好决定分量）1大匙、发酵粉2小匙、盐1撮、黑砂糖2大匙、核桃2瓣、核桃油5大匙、牛奶（或者豆奶)5大匙

## 制作方法

1.把1瓣核桃用研钵研碎。

2.把低筋粉、全麦粉、砂糖、发酵粉筛过之后，放进步骤1的核桃碎里。

3.把1撮盐也放进去，好好搅拌，使其充分混合。

4.因为核桃有点苦味，所以稍微放点黑砂糖，会变得甜些。

5.一点一点地加核桃油，不断地搅拌、混合。出现沙沙的响声之后，加入剩下的1瓣核桃，但是要大致碎一下，然后加入牛奶搅拌、混合。

6.面饼做好之后，使用模具分装好,在温度设定为200℃的烤箱内烤12分钟左右即可。

# 13. 甜点叉子

木叉子的好处就是不容易弄破水果，也不容易打滑。使用梨树、苹果树的木材制作更能增加亲和感，也更令人期待。当然，这款作品也可用作牙签。

○所需工具：小刀、圆凿、治具、夹具、线锯、砂纸（3种型号）、劳动手套
○完工使用：核桃仁、棉布块（涂油用）、干布
○木材：山樱木等硬一点的木材（长160mm×宽15mm×厚8mm）1块

1. 用铅笔在木材上画叉子的正面草图（俯视图）。

4. 使用小刀削正面的部分。削完之后，用同样的方法使背面基本成形。

2. 使用夹具把木材固定到桌子上，如图用线锯按俯视图切割。

5. 参照俯视图，将手柄处削得易于抓握即可。

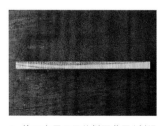

3. 接下来画叉子的侧面草图（侧视图）。

6. 使用卷有薄木片的砂纸对齿间空隙处打磨。之后，使用核桃油涂饰，然后用干布擦拭，即可完工。

# 14. 叉子

"没有叉子吗？"曾经有人问道，于是我就想制作一款木叉子。这款叉子看起来复杂，实际制作起来和面包碟子一样简单，而且和普通盘子碰撞也不会发出声响。使用频率高，且用起来也会很舒服。

○所需工具：小刀、圆凿、治具、夹具、线锯、砂纸（3种型号）、劳动手套
○完工使用：核桃仁、棉布块（涂油用）、干布
○木材：山樱木等硬一点的木材（长170mm×宽30mm×厚12mm）1块

1. 用铅笔在木材上画叉子的正面草图（俯视图）。然后使用线锯切割出叉子的齿及整体轮廓。

2. 接下来画叉子的侧面草图（侧视图）。

3. 使用夹具把木材固定到桌子上，如图用线锯切割叉子正面。

4. 把木材放到治具上，用小刀使叉子正面成形。

5. 用小刀使叉子背面和手柄部分成形。因为薄木片在产生振动的情况下容易折断，所以不用线锯切割。

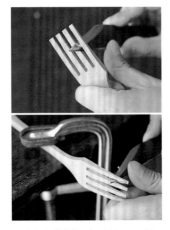

6. 注意顺着木纹，如图所示，一根一根地削叉子的齿。

7. 使用卷有薄木片的砂纸对叉子的齿间空隙处打磨。最后使用核桃油涂饰，然后用干布擦拭，即可完工。

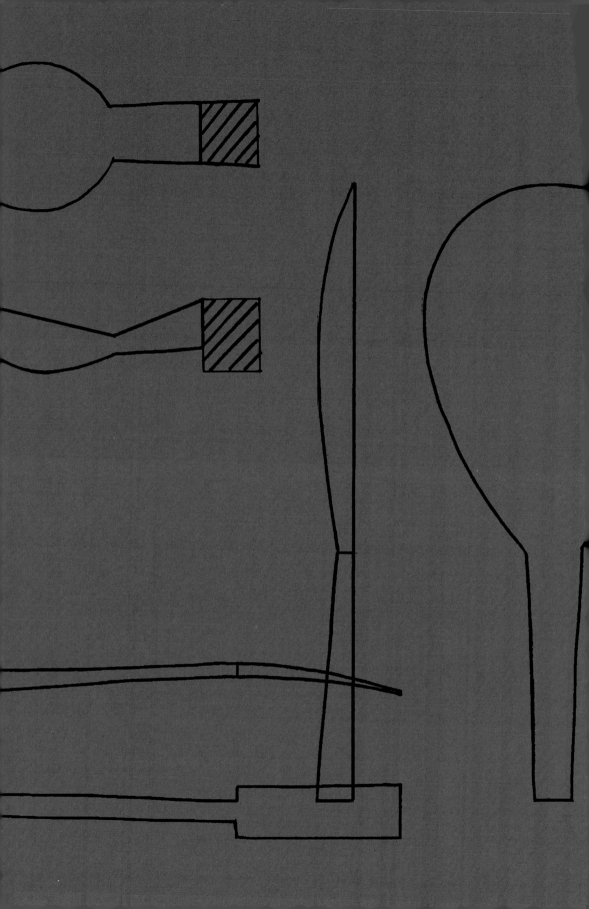

第 2 章

# 基 础 制 法

# 制作木食器所需的工具

切割、雕刻、削等都是非常简单的木工作业,也不需要特别多的工具。一般家庭用品商店等地方都可买到相关工具,选择一些容易操作的、使用顺手的工具。

## A. 铅笔

用于画图,推荐 B 型铅笔。

## B. 小刀

用于削木材、整理曲面等木材加工作业。尤其是野外生存时,更是宝贝。

## C. 圆凿(内圆凿)

本书中除了黄油刀以外,雕刻、削木材时均可使用。圆凿的种类、尺寸很多,使用时注意选择。

## D. 砂纸(研磨网眼纸)

本书中使用150目、240目、400目3种型号的砂纸。选择耐用的网眼不易堵塞的"研磨网眼纸"。成卷出售的研磨网眼纸背面有类似于胶带的黏性,使用时卷橡皮或者木片比较方便。

## E. 劳动手套

不戴手套容易受伤,使用带刃的工具时一定要戴手套。比起一般的常用手套或者橡皮手套,建议使用内侧有橡胶涂层的手套,这种手套对手的保护及其自身的透气性比较好,而且握工具时可防滑。

## F. 治具

为了安全作业,固定木材时使用,也可用于切、削作业。一般作为版画用工具出售。

## G. 线锯

按草图切割木材时使用。一般刃长150mm左右即可。

## H. 夹具

用线锯切割木材或用圆凿进行雕刻时,把木材固定到作业台或者治具上,可防止木材滑动。一般选择展开幅度150mm左右的夹具即可。

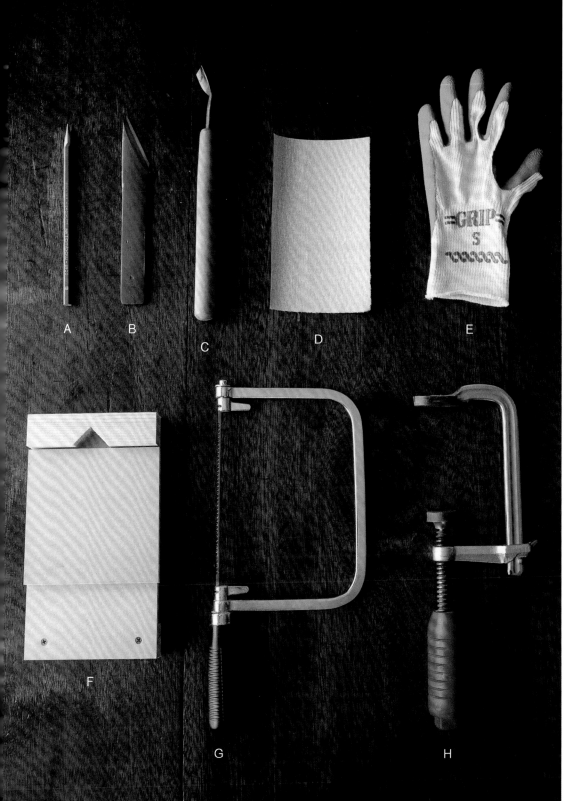

# 基础制法的窍门

## 使用圆凿雕刻

本书所介绍的作品最常用的工具就是圆凿。一直以来，制作精细的手工艺品，或者雕刻时圆凿都必不可少，一旦使用娴熟，雕刻作品时就会比较顺利。

## 使用小刀削

小刀不仅可以削出木材的轮廓，还可以修正细节，或者完工时进行微调，是一种用途广泛的工具。削时沿着木材的纹路，适当用力。

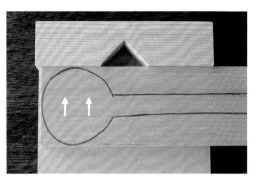

### 1. 相对木纹垂直雕刻

一定要把木材放到治具上，注意放木材时，其纹路不是水平的，而是垂直状态。圆凿使用娴熟的情况下，雕刻时会发出有节奏感的沙沙的响声。

### 1. 基本的握刀方法

手握小刀时，如图握着手柄中部。

### 2. 移动双手

惯使的手和摁压圆凿的另外一只手的拇指一起调整，用力慢慢雕刻下去。圆凿的插入角度不同，雕刻形状会有所不同，所以，雕刻时注意雕刻角度。

### 2. 削的要领

按照削铅笔的要领，如图用拿木材的那只手的拇指摁住刀背，不断地调整削的速度和用力程度。此时，握刀的手和摁压刀背的拇指一起移动，刀刃就可以按照自己想法顺利地移动了。使用双手，可以防止产生失误和受伤，注意，一定要顺着木材的纹路削。

---

**雕刻时·削时**

操作过程中很容易忘我，为避免受伤，一定不要把手放在刀具前面。使用小刀时，建议戴上劳动手套。

# 使用治具固定木材

治具根据作业的内容及木材大小、状态等有多种使用方法。尤其是不方便用力时，借助治具，可以提高作业效率。

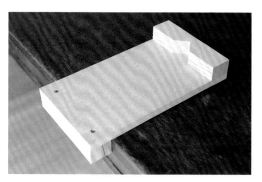

**1. 治具的放置方法**

如图放置治具，治具看起来好像挂在桌沿。

**2. 基本的使用方法**

把需要加工的木材如图放到治具的边缘处。

**3. 使用顶端的漕沟**

作业途中，有时可能会逆着木材纹路削（参照p.60），尤其是手柄部分，不容易成形，此时，把木材如图卡到治具顶端的漕沟里，操作起来就会比较方便。

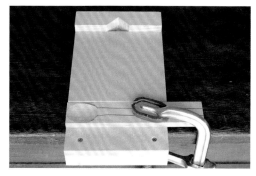

**4. 中间塞木板后雕刻**

有的木材比较大，切割时夹具和治具的边缘会有一定的距离，所以中间塞上一块木板，这样操作就会比较方便了。

**5. 同时使用防滑垫**

制作碟子等圆形食器时，其边缘不容易固定，为了防止其滑动，在治具和木材之间铺上防滑垫。

防滑垫可以如图卷起来，一般商店、家庭用品商店都有出售。

# 使用线锯切割

按照草图切割作品轮廓时，为了给使用小刀或者圆凿雕刻作品节省时间，不必要的部分可使用线锯处理。
一旦掌握线锯的基本使用方法，后面的作业就会很轻松了。建议刚开始使用时先试试，找到最舒服的切
割方法之后再进行作业。

**1. 使用夹具固定木材**

制作勺子、刀、叉等小的餐具时，
都是使用夹具固定木材后再使用
线锯切割。为了不让木材在切割
过程中晃动，固定好它们。

**3. 最初拉锯时，使用手指引导**

刚开始拉锯时，为了操作顺利，
用手指引导并固定锯条。为了把
锯条放进木材，用锯条先锯一个
口子，注意不要弄伤手指。

**2. 半起身的姿势**

拉锯时需要用力，推锯时不用力，这是正确使用线锯的方法。
使用之前确认锯条不倾斜，处于正常状态，一般线锯的锯条
和木板垂直交叉。如果坐着操作，注意选择低一点的椅子。

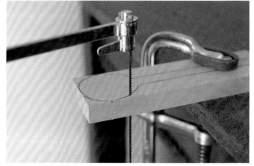

**4. 木材和锯条呈垂直状态**

锯条进入木材之后，双手握着线锯的手柄进行切割。由于线
锯的锯条细，有弹性，注意不要强行转换方向，否则锯条容
易折断。切割勺面这样的弯曲形状时，也要注意木材和锯条
必须呈垂直状态，然后一点一点地慢慢切割。比起往前切割，
锯条上下移动时要特别注意。锯条往下时切割，往上返回时
不切割。直角改变方向时，在同一处上下移动几次，这样顺
着方向容易改变。汤匙、火锅汤勺等，由于木材厚，拉锯时
间会长，需要有耐心。

---

**关于线锯**

线锯的锯条种类繁多，厚度、宽度各有不同，根据所加工木材的种类、材质等选用不同的锯条。锯齿多的（细）比较适合切割薄木板
或者软一点的木板，而锯齿少的（粗）适合切割厚木板或者硬一点的木板。本书中用到的木材属于一般木工（中等程度）常用木材。
另外，线锯锯条属于消耗品，如果锯条不锋利了，变黑了等，需要换上新的。线锯使用熟练了，木工作业时也会信心倍增。请注意线
锯的日常保养，并灵活使用线锯哟！

# 使用砂纸打磨

把砂纸裁成小块，或者卷上什么东西后再使用，打磨的部位和目的不同，打磨方法也是不一样的。结合打磨目的，精心打磨，做完美手工。砂纸属于消耗品，注意使用程度，定期更换。

### 1. 从小数值的砂纸开始打磨

砂纸背面印刷的数字字代表砂粒的大小。数值越小砂纸就越粗，适用于粗磨。而数值越大砂纸就越细，适合完工打磨。从小数值开始依次是粗磨、中度打磨、完工打磨，这样一来，作品表面会被打磨得比较光滑、漂亮。使用时，根据需要可以将砂纸裁剪成相应的大小。裁剪时注意砂纸容易对刀刃产生伤害，因此建议用尺子或者木片摁压砂纸，将其撕开。最后注意在边角料上做标记，以免混淆。

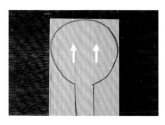

### 2. 顺着木纹 (纤维的方向)打磨

切割木材时呈现在原木上的年轮称为木纹。对于年轮而言，切割角度不同，木纹就会随之改变。打磨、涂饰、雕刻等都需要顺着木纹作业，这样既不容易伤害木材，操作起来也会顺利。中途，作业方向改变时，一旦切割线条和木纹呈直角，就会留下痕迹，所以尽量顺着木纹移动。

### 3. 打磨边角

把砂纸裁成小块，适当用力，将边角打磨光滑，是最基本的打磨方法。如果打磨时过于用力，可能会造成作品变形。

### 4. 卷着橡皮，打磨曲面

用卷有小橡皮的砂纸进行打磨时，因为橡皮有弹性，比较适合曲面，所以打磨出的曲面会比较光滑。

### 5. 卷着木片，打磨平面

打磨面包碟子等平面较大的作品时，建议使用卷有木片的砂纸。注意打磨均匀，耐心地进行打磨作业。

### 6. 打磨沟槽

打磨叉子的齿间空隙处时，由于不方便用力，可使用卷有适合叉子齿间空隙的细木板的砂纸打磨。

## 涂饰的方法

终于到了最后一步——完工时的涂饰。整体使用健康安全的核桃油进行涂饰。用一段时间后，木制品发白了，或者使用一段时间后需要保养了，都是按照下面的步骤进行处理。

1. 准备市场上出售的普通食用核桃、棉布块和橡皮筋。用棉布块把核桃仁包起来，再用橡皮筋把口系好。用手指摁压棉布，可以用棒子或者锤子将核桃仁轻轻敲碎，这样比较容易摁压。

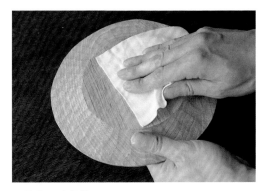

3. 最后用干布擦拭即可。

2. 把摁压产生的核桃油均匀涂抹在整个碟子上。

涂饰前

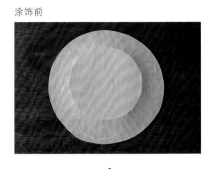

涂饰后

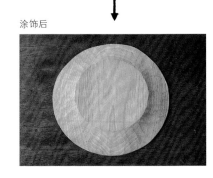

# 保证木制品长久耐用的注意事项

木材是有生命的。木制品的手感、温馨感、轻巧、便于使用都是其魅力所在。但是木制品比较怕水、怕热、怕火。花费功夫制作的木食器，如想使其更长久耐用，需要提前知道其使用方法。

## 清洗方法

1. 木制品的表面一般都涂有漆、油、聚氨酯等作为保护膜，所以绝对不要使用洗碗机等机器清洗。另外，木制品存在严重损伤的情况下，也不能使用这类机器清洗。和陶器等硬东西一起清洗时，避免碰撞，不要弄坏木制品。

2. 清洗时，使用凉水或者温水，用摩擦力小的海绵和中性洗涤剂（食器专用肥皂）进行清洁。洗完之后，马上控水，然后用干布擦拭。尽量不要使用漂白剂、强力洗涤剂、抛光剂等。

## 关于存放

1. 因为木材容易干燥，所以不能放在空调、暖气旁等温差大的地方、强风的地方，冰箱旁边也不行，在这些地方木材会褪色、产生裂纹等。

2. 木材容易吸水，所以为了不开裂、变形，应避免其长时间泡在水里或被阳光直射。

3. 湿度较大的地方也不行，梅雨季节时也要注意，木食器容易吸收湿气而发霉，因此要注意通风。

## 保养方法

用核桃油涂饰的木食器，时间长了，油分会蒸发。另外，由于摩擦，涂饰保护膜会变薄，木食器表面有种沙沙的感觉，这时就说明需要保养了。用蘸有核桃油的软布进行擦拭即可。除核桃油之外还可使用荏子油或者亚麻子油等（涂饰方法见p.58）。

# 关于木材的基础知识

摆在你眼前的木材,是一根木材的心材,还是其边材?
根据木纹的朝向,其特点及使用方法都会不一样。所以在去商店购买之前,
建议先了解一下这些基础知识。

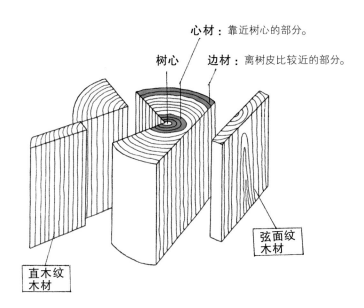

心材:靠近树心的部分。

树心    边材:离树皮比较近的部分。

弦面纹
木材

直木纹
木材

**关于选材**

砍伐树木,经过加工将木材做成木板,选材的方法不同会产生各种各样的纹路断面。

包含树心部分的木材称为直木纹木材,看起来呈现出年轮横切面的木材称为弦面纹木材。

直木纹木材不容易收缩、弯曲,水分容易渗入,树皮比较好看,一般原木中只有两三成能加工出这种木材,所以比较贵。

相反,弦面纹木材容易弯曲、反翘,不容易渗入水分,所以常用于制作储存红酒的木桶,而且年轮的纹路呈山状或者漩涡状,比较受欢迎。

逆纹

顺纹

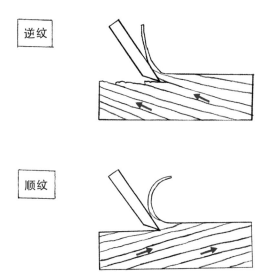

**适应木纹的小窍门**

雕刻、削、切等最重要的就是木纹的朝向。作为大自然的馈赠,木材是有木纹的。有时削的方向会更易于雕刻,但有时可能不行。根据木材纤维的走向,有时是逆纹,有时是顺纹。像梳理动物的毛发一样,逆着木纹就不易于雕刻,但是看清楚木材的纹路,顺着木纹就易于雕刻,而且容易削,成品也会很好看。

另外,用圆凿、刨子、砂纸作业时,都要注意木纹的走向。有时觉得木材难削、难刨、难雕刻等,一般都是没有顺着木纹操作。这时,从另一端削,一般就会比较顺利。

# 木材和工具的选择、购买方法

一般常用的木材、工具都可在家庭用品商店、五金工具店或建材店等地方购买到。如果觉得价格高的话，可选择能接受的价格以内的。有些专卖店也可以通过电话订购，非常方便。

## 木材的购买方法

◎第一次购买木材时，建议去家庭用品商店、DIY商店等地方。有的店铺，可以在店里把木材切割开，比较方便。一般的商店都没有适合食器制作的尺寸的木材，因此购买大块木材后需要将其切割开。让店家帮忙切割开，或者购买之后自己用锯子进行切割。

◎胶合板、单板、层积材都需要用黏合剂，因而不适用来制作放食品的食器或者直接接触嘴巴的刀叉餐具之类。

**家庭用品商店**：商品齐全、选择方便。还可以进行木材加工，购买后马上就能使用。尺寸齐全，小块木材也有，价格透明。

**木材店**：一般的木材店出售的大都是杉木、松木、扁柏木或者单板。通常都是整根，或者按规定的尺寸出售。有的商店会免费赠送一些边角料，可以去逛逛这些商店哟。

## 木材的挑选方法

◎挑选木材时要注意木材是否裂开，有无裂痕、虫蛀等情况。

◎有些木材价格优惠但却很实用、方便，所以去挑选木材也是一件很开心的事情。

◎另外，建议在挑选木材时，不妨带本书，给店主说明一下你想制作的作品以及所需的木材，这样一来，不仅提高效率，也能挑选到合适的木材。

## 工具的购买方法

p.52介绍的基本工具，在家庭用品商店、五金工具店或建材店都可以购买到。建议刚开始购买时，结合自己的需要、自己的支付能力进行选择，慢慢地就能备齐本书中的所有工具了。

## 工具的挑选方法

**圆凿**：一般15mm的即可。凿刃顶端弯曲的称为"弯曲内圆凿"，适合一些窄面的加工；顶端不弯曲的称为"内圆凿"，适合面包碟子、布菜勺等宽面食器的加工制作。建议先购买1根弯曲内圆凿。

**小刀**：本书中使用的小刀都是没有刀鞘的斜刃小尖刀。带刀鞘的小刀可以保护刀刃，使用起来也比较安全，但是尽量避免那种折叠式的。尺寸一定要合适，过大过小使用过程中都会有危险的，所以购买时一定要确认好。

——

※木材，治具、圆凿、小刀等工具，都可以通过购物网站购买。详情请咨询网店客服。

## 大自然的馈赠——木材

院子里的一些木材，森林中的一些木头，因为某些原因，本来用于制作什么的结果用不了，那就用这些木材做食器吧！

刚采伐的生材，因为含有60%以上的水分，所以有必要在其干燥之后再使用。干燥的木材不仅容易加工，而且能提高强度，防止虫蛀、产生裂纹，更易于涂饰。

自然干燥一般需要半年，有的甚至需要好几年。快速干燥法可使用微波炉加热20~30分钟，使水分蒸发。但是，如果木材水分蒸发之后再继续加热，木材里面就容易变焦。过度使其干燥的话，木材容易变硬，不易于加工。所以在用微波炉加热干燥的情况下，一定要时刻注意加热状况。一般来说，比起生材，干燥后的木材会有所收缩，因此选择生材时，一定要注意尺寸。

# 常用木材品种

使用什么样的木材？制作什么样的食器？木材的具体特点、加工方法、来源以及相关故事……
现在开始多了解一下，选择木材时会轻松许多。

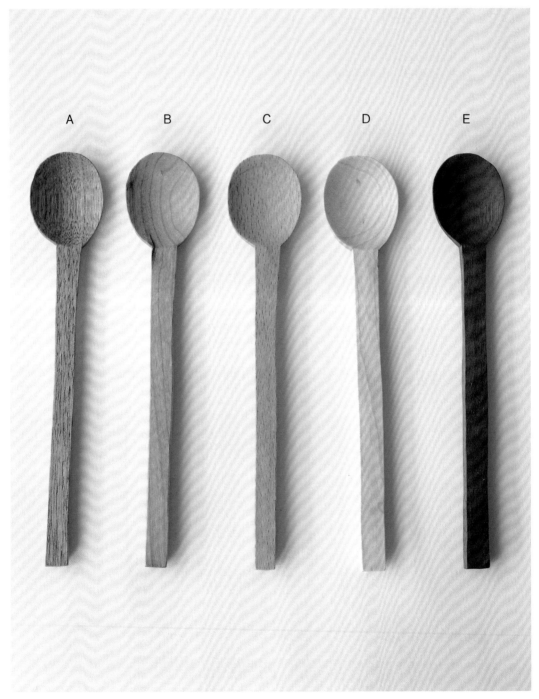

## A．核桃木

核桃象征子孙繁荣，据说在美国，婚礼仪式上会撒核桃。

核桃木材质柔软，裂纹分叉少，比较适合木工初学者使用。主要分布在北海道、九州一带，与北美产的胡桃木同属于胡桃科。颜色浅，心材素淡，呈褐色，边材呈灰白色。木纹稍感粗糙，有特殊的光泽。其词源（kurumi）来自中国（江南地区），是从 kuremi（核桃的吴语发音）转换而来的，当然还有很多其他说法。木工制作时使用的多是鬼脸核桃，而食用的薄皮核桃是另外的种类，小动物也喜欢吃。

## B．北美樱桃木

源自加拿大、美国东部的阿巴拉契亚山脉地带。

蔷薇科樱属的阔叶树。适当的硬度与美丽的色彩，使它适合本书任何一款木食器的制作。因为同属于樱属，所以和山樱木一样，随着时间的流逝，会从淡桃色逐渐变成像煮过一样的黄褐色。木纹细致、肌理细腻，偶尔木纹上会出现树脂。北美樱桃木因其风格高雅与富有光泽，一直以来都被用于高级家具的制作。最近该木材采伐量减少，入手比较困难。该木材偶尔还用于普通吉他的制作。

## C．山毛榉木

丹麦长期畅销商品。

该木材木理细致，稍微有点硬、有点沉，纹路粗糙面有点大，所以在日本一直以来木工师都将其用于曲木食器的制作。山毛榉生长比较慢，长到直径40cm左右大概需要100年。山毛榉树干上经常长苔藓，形成斑点花纹，每一棵树的树皮外形都不一样。由该木材制作而成的作品，表面给人一种温和的印象。在进口木材里，与日本山毛榉比较接近就是beech（丹麦山毛榉）木材，该木材因作为丹麦汉斯·瓦格纳（Hans J. Wegner）的大作Y形椅的用材而出名。

## D．枫木

日本人经常称之为美洲糖槭，是烤松糕的常用木材。

根据材质密度和重量，分为硬枫木和软枫木。枫木材质有点硬，不易于作业。但是白枫木拥有独特的清洁感以及黄白色的色调，成品色泽会很美，而且耐磨性强，强度也高。在北欧、北美，枫木常用于家具、裁剪板、色拉盆等的制作，而且一直以来还用于其他食器的制作。有时，有些枫树拥有漩涡般的鸟眼状独特花纹，因此又被称为"鸟眼枫"。鸟眼枫是世上最稀有的树种之一，非常珍贵。

## E．黑胡桃木

其魅力在于巧克力色的层次感很强。

黑胡桃是属于胡桃科的落叶阔叶树。黑色系的木材比较适合制作餐桌，深色中呈现出微妙的木纹，美观、深蕴，非常受欢迎。该木材稍微有点硬，但是易于加工，而且成品非常沉稳大气。黑胡桃木和柚木、桃花心木被誉为三大名木。黑胡桃木用途广泛，从乐器的雕刻到来福步枪底座的制作，都有它的身影。但是，它利用率低（实际可用的部分比较少），所以价格高。黑胡桃木的另外一个魅力就是，它属于木理通直的树种，即使在恶劣条件下也不容易腐烂。

## 关于新月伐木的故事

据说有些地区有这样的传说：新月之日采伐的木材，质量好而且耐用。这种传说在全世界屈指可数的拥有森林文化的国家和地区非常盛行，如德国和奥地利的蒂罗尔地区。

小提琴中非常珍贵有名的斯特拉地瓦利琴就是使用新月之日采伐的枫树和云杉树（松科云杉属常绿树）制作而成的。在日本，奈良的吉野地区仍保留着这样的传统，因为新月前后的夜里采伐的树木质量好，所以至今仍有夜里采伐树木的习惯。

其实，这种传统是因为比起满月伐木而言，新月伐木时木材水分少，不容易腐坏，风吹雨淋之后比较耐用。而且，在世界各地还有这样的说法：禁止满月的夜里伐木。一直以来也有这样的传说：如果满月的夜里伐木，会被带到月亮上。

据说地球上的生物因为月亮的圆缺，生活节奏都会受到影响，但是至今以上说法仍不能用科学解释清楚。

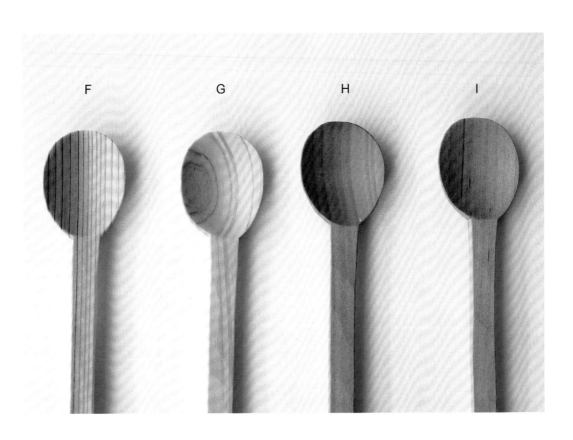

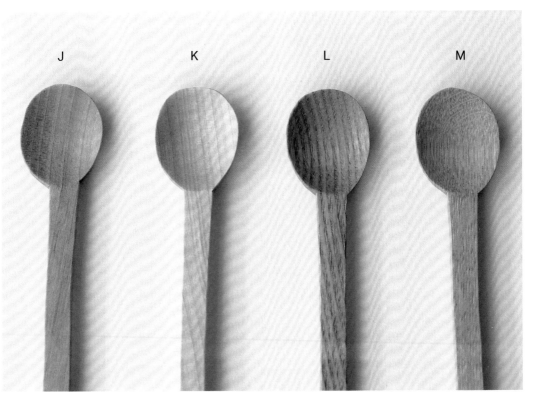

## F. 杉木

杉木的木纹最能体现实心眼人的性格。

针叶树一般都比较轻，可加工性强，完工作品给人以柔和印象。杉木是日本具有代表性的特产树种，杉树林面积大约占日本国土面积的12%。木理通直，沿着木纹竖切会易于分割，所以常用于木桶或者一次性筷子的制作。由于其独特的木纹、火山灰般的颜色等，常用于喜欢变色的木材工艺品或者建筑物的装饰。杉树学名为日本柳杉（*Cryptomeria japonica*），寓意为日本的隐形财产。

## G. 扁柏木

耐千年风雪，用于制作宝贵的勺子。

扁柏由于具备优越的耐用性、耐水性、抗菌性以及独特的香味，从伊势神宫的扩建、改建，佛像、家具、门窗到砧板，被广泛使用。其叶子还有油分，从前人们常用这种木材生火，所以扁柏（hinoki）就是从"火之木"转换而来的（日语发音相同）。还有一种说法就是扁柏的日语名字来源于意为宝贵之木的"日之木"。将竖着薄薄地剥开的树皮重叠在一起，铺到屋顶上，这称为"扁柏树皮茸顶"。与杉树相比，扁柏植林时一般选择山体上方、离山脊比较近的地方。

## H. 日本厚朴

树干、叶子、花等在各个方面都有着其极致的个性。

日本厚朴属于木兰科落叶乔木，作为药用树材而广为人知。因为日本厚朴木纹柔软不伤刀，所以常用于制作砧板或者刀柄。因其加工性好，材面成品美丽，常用作雕刻木材，也可作为板木使用。另外，日本厚朴色泽素淡，呈淡灰绿色或者绿褐色，属于独特的色系。木理细密，材质不会随着温度变化而改变，比较适合制作钢琴的键盘或者制图板。5月左右，叶子长出后，会散发浓厚的香味，开出白色的大花。

## I. 山樱木

山樱不为人知，默默开花，奉献一生。

和一般樱花的开花时间不同，山樱属于红色的嫩叶和花同时开放的蔷薇科落叶阔叶树。刚采伐的木材呈浅桃色，慢慢地变成桃褐色，然后变成糖稀色。木理细密，木纹几乎通直。相比重量而言有强度，加工性好，打磨后容易出现光泽。不易干燥，常用于乐器的制作，是较好的建筑材料、雕刻材料。使用山樱树皮制作的工艺品称为桦木工艺品。山樱木香味浓厚，常用于熏制羊肉、猪肉。

## J. 桦木

桦树和白桦、岳桦并称为日本北国的落叶阔叶树。

桦树的词源源于阿伊努语的karimpa（樱花的树皮），该词词意介于樱花和桦树类之间。有黏性，易于雕刻，木理细腻，强度大，耐磨性强。拥有略带红色的色彩，浸透性好，核桃油涂饰之后变成深红色。价格适中，常用作山樱木的替代木材，需求量大，因此现在入手越来越难了。另外，树皮里含有油分，容易生火，不易熄灭，常被养鸬鹚的人用于制作火把。

## K. 七叶树

拥有独特的叶形，圆形的、舒展开的树冠非常美丽。

七叶树生命力顽强，生长在阴凉的山谷之中。树干的直径一般都能长到2m以上，以前常常被挖空作日使用。因为属于软的易于雕刻的木材，也适合制作内部挖空的盆钵类。木材本身带有光泽，成品如丝绸般光滑，作为家具用材也非常受欢迎。外国原产的七叶树变异成现在日本的园艺品种红花七叶树，并作为行道树而广为人知。在英国，七叶树开花的时候，该周末一般称为Chestnut Sunday（栗色星期天）。

## L. 榉木

阔叶树当中，最能代表日本的木材之一。

榉产自俄罗斯以及日本的北海道，属于木犀科榉属落叶阔叶树。榉木特有的具有清洁感的白色和清晰的年轮木纹非常吸引人。有大叶榉、小叶榉、椒叶榉等，种类繁多。榉木坚硬有黏性，有强度，可用来制作棒球棒。心材呈褐色，边材呈浅黄偏白色。木纹通直，木理略微粗糙。木纹接近枪木，比弦面纹木板的木纹还要清晰，因此，在日式家具或者建筑中有着根深蒂固的影响。也常用作地板等的木材。因为坚硬所以易干燥、易加工，一直以来，都是非常重要的木材。

## M. 枪

木纹类似于老虎身上的斑纹，很受人们喜爱。双叉犀金龟子很喜欢枪树。

枪属于山毛榉科枪木属（中国为壳斗科栎属）落叶阔叶树，正式名称为枹栎（中国为枪栎），和山毛榉一样是日本冷温带的代表树种。由于涂饰性强，很久以前人们就开始将其用于复合地板等西洋风格家具的制作。边材呈灰白色，心材色泽素淡，呈灰褐色。质地较粗，纹理清晰，天然形成的独特条纹形似虎纹错落，称为虎斑。植林地带仅限于日本北海道和东北的一部分国有森林。其树液和麻栎一样，比较受双叉犀金龟子喜爱。

# 纸 型

注释

◎下面为本书中介绍的14款作品所用的纸型。使用时,请参照每款作品具体的尺寸要求。

◎单位均为毫米(mm)。

◎每款作品均附带从上面观察到的俯视图和从侧面观察到的侧视图,并且,纸型中均标注详细步骤。基础制作方法,请参照图中标记的所在页。

◎在纸型复印件和木材之间插入复写纸,临摹俯视图,或者用胶水直接将复印件粘贴到木材上,用线锯等方法切割,根据实际情况,选择易于作业的方式。某些情况下,由于切割后作品弯曲度不同,有的作品不能直接粘贴使用侧视图。这时,建议参考纸型,用铅笔直接将侧视图画到木材上。

## 1. 黄油刀 →p.14 (纸型放大至200%后使用)

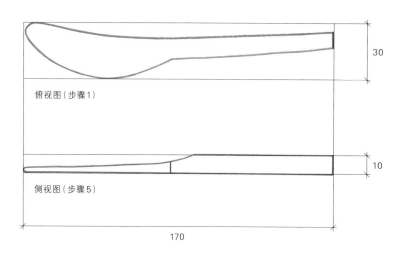

俯视图(步骤1)

30

侧视图(步骤5)

10

170

## 2. 果酱勺子 →p.16 (纸型放大至200%后使用)

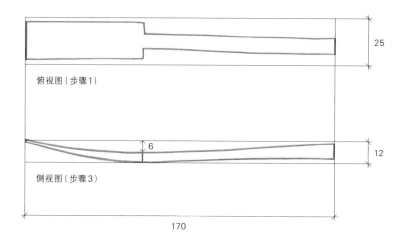

俯视图(步骤1)

25

侧视图(步骤3)

6

12

170

## 3. 普通勺子 →p.18 （纸型放大至200%后使用）

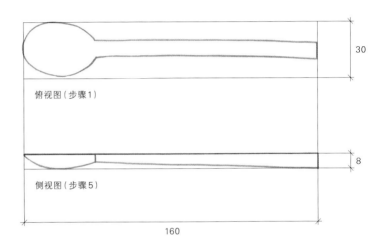

俯视图（步骤1）

侧视图（步骤5）

30

8

160

## 4. 搅拌棒 →p.20 （纸型放大至200%后使用）

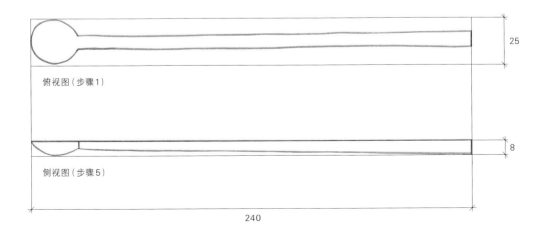

俯视图（步骤1）

侧视图（步骤5）

25

8

240

## 5. 布菜勺 →p.22 （纸型放大至170%后使用）

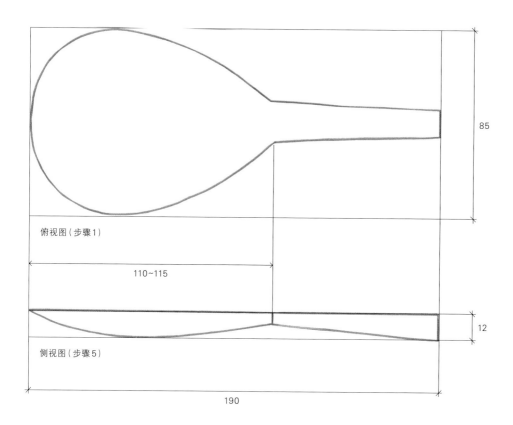

俯视图（步骤1）

110~115

85

侧视图（步骤5）

12

190

## 6. 佐料勺子 →p.24 （纸型放大至130%后使用）

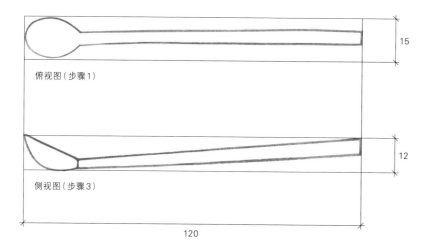

俯视图（步骤1）

15

侧视图（步骤3）

12

120

## 7. 小汤勺 →p.30 （纸型放大至200%后使用）

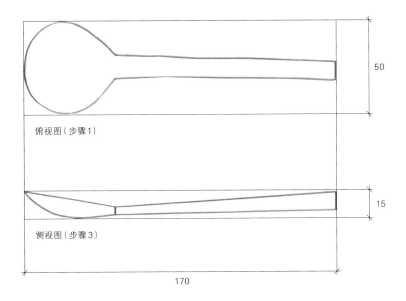

俯视图（步骤1）

侧视图（步骤3）

50

15

170

## 8. 咖啡量勺 →p.32 （纸型放大至130%后使用）

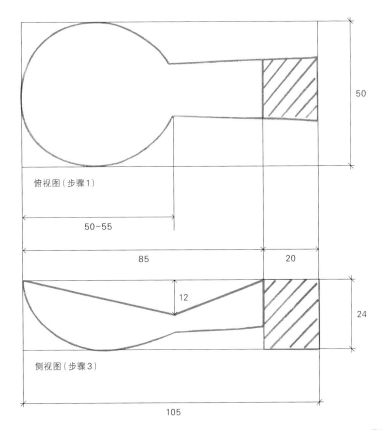

俯视图（步骤1）

侧视图（步骤3）

50~55

85

20

50

12

24

105

※斜线部分：为了易于作业，使用夹具
固定时保留的部分。最后全部切割掉。

## 9. 短柄汤匙 →p.34 （纸型放大至140%后使用）

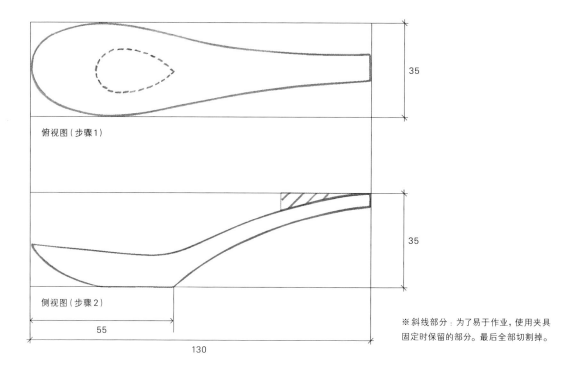

俯视图（步骤1）

35

侧视图（步骤2）

35

55

130

※斜线部分：为了易于作业，使用夹具
固定时保留的部分。最后全部切割掉。

## 10. 火锅汤勺 →p.36 （纸型放大至200%后使用）

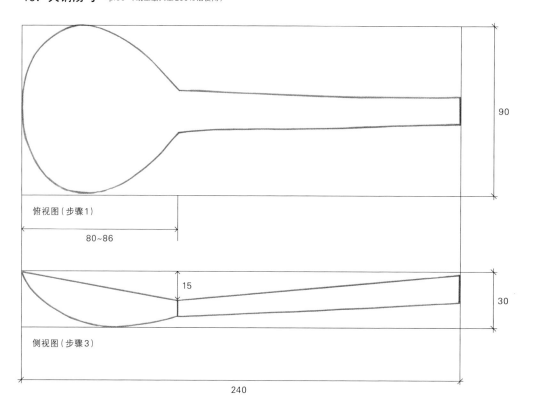

俯视图（步骤1）

90

80~86

侧视图（步骤3）

15

30

240

俯视图（步骤1）

60

8

60

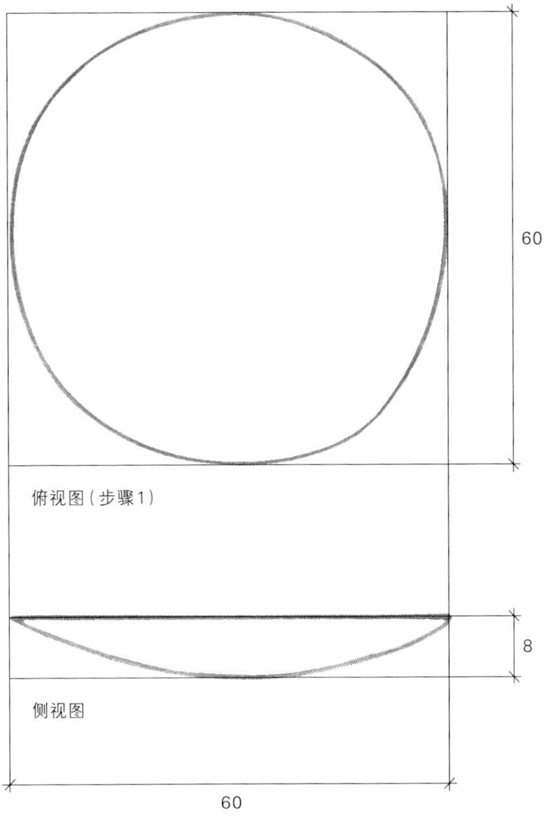

※坚果碟子背面因为是直接削的，所以实际上不使用侧视图。此处画上侧视图只是为了整体成形更容易，观察更清晰。

侧视图

## 12. 面包碟子 →p.40 （纸型放大至180%后使用）

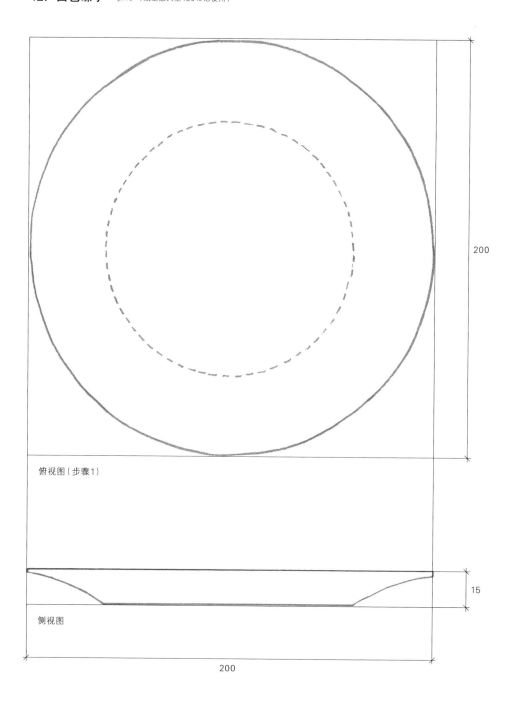

俯视图（步骤1）

侧视图

200

15

200

※ 面包碟子和坚果碟子一样，实际上不
使用侧视图。其底部不需要削，直接保
留即可。

## 13. 甜点叉子 →p.44 〔纸型放大至150%后使用〕

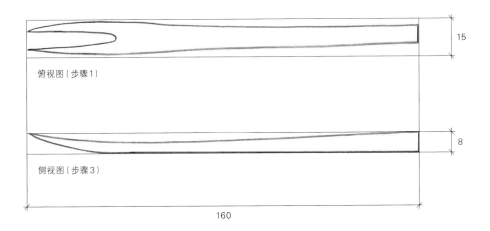

俯视图（步骤1）

侧视图（步骤3）

15

8

160

## 14. 叉子 →p.46 〔纸型放大至150%后使用〕

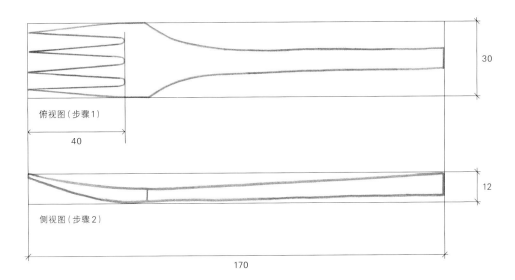

俯视图（步骤1）

侧视图（步骤2）

30

12

40

170

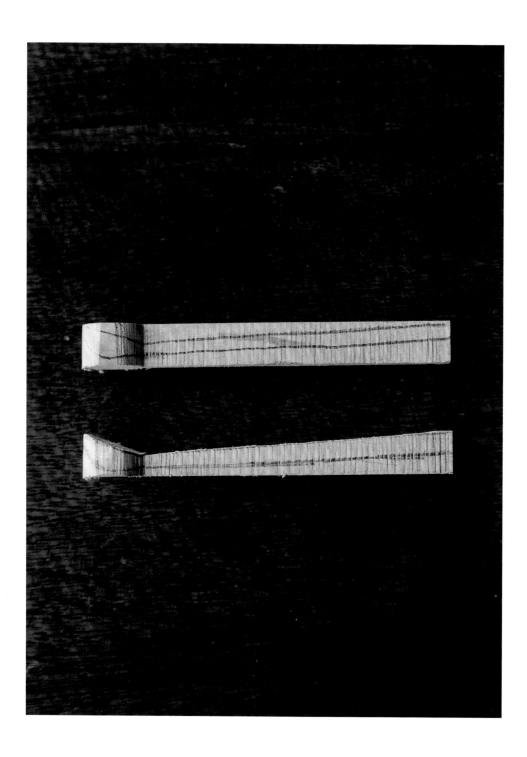

自己亲手制作的饭团吃起来甚是美味，自己亲手制作的食器用起来甚是顺手，这都是非常自然而然的事情。

弯曲的木材就让其保持弯曲，色调低沉的可以继续保持。通过制作者的呈现，在保持原有味道的情况下，将其制作成生活工具。

削得、雕刻得太过了，或者弄错了、裁剪后变短了，都没关系。形状可以自由改变，和日常生活很好地结合到一起就可以了。

有3分钟就可做好的饭菜，也有性价比高的食器。存放使用酵母制作的面包或者季节性的食品时，在即使花费功夫，还是有点不太满意的情况下，就给大家推荐本书的木食器了，希望对大家有所帮助。

KI DE TSUKURU CHIISANA SHOKKI

© HIROYUKI WATANABE 2009

Originally published in Japan in 2009 by KAWADE
SHOBO SHINSHA Ltd.Publishers

Chinese (Simplified Character only) translation rights
arranged with KAWADE SHOBO SHINSHA Ltd.
Publishers, TOKYO.

Through TOHAN CORPORATION, TOKYO.


豫著许可备字-2018-A-0037

## 作者简介
### 渡边浩幸

1971年生于茨城县，现居住于神奈川县大和市。毕业于东京艺术大学大学院美术研究科工艺学部木工艺专业，以木工艺专业开始了职业生涯。目前在千叶县柏市拥有自己的工作室，主要使用以木材为主的自然素材制作与生活相关的木制工具。每年会举办几次个人展、集体展，除此之外，还会与作家或者咖啡店合作，进行共同研究或者开办研讨学习会。
作者不仅制作工具，而且还非常重视生活当中的生活用具与其存放空间的协调感，在考虑空间配置的基础上不断地进行生活用具的制作。

**图书在版编目（CIP）数据**

木工DIY食器：木食器小时光／（日）渡边浩幸著；陈亚敏译. —郑州：河南科学技术出版社，2020.1

ISBN 978-7-5349-9690-0

Ⅰ.①木… Ⅱ.①渡…②陈… Ⅲ.①木制品–餐具–制作 Ⅳ.① TS972.23

中国版本图书馆CIP数据核字（2019）第192705号


出版发行：河南科学技术出版社

地址：郑州市郑东新区祥盛街27号　　邮编：450016

电话：（0371）65737028　65788613

网址：www.hnstp.cn

策划编辑：刘　欣

责任编辑：刘淑文

责任校对：马晓灿

封面设计：张　伟

责任印制：张艳芳

印　　刷：北京盛通印刷股份有限公司

经　　销：全国新华书店

开　　本：720 mm×1020 mm　1/16　印张：5　字数：100千字

版　　次：2020年1月第1版　2020年1月第1次印刷

定　　价：39.00元

如发现印、装质量问题，影响阅读，请与出版社联系并调换。